中小户型

创意方案设计 2000 例

◎锐扬图书/编

SMALL FAMILY CREATIVITY PROJECT
DESIGN 2000 EXAMPLES

U0291240

NEW! 顶棚 地面

中国建筑工业出版社

图书在版编目（CIP）数据

中小户型创意方案设计2000例　顶棚　地面/锐扬图书编.--北京：
中国建筑工业出版社，2012.9
ISBN 978-7-112-14623-9

Ⅰ.①中… Ⅱ.①锐… Ⅲ.①住宅-顶棚-室内装修-建筑设计-图
集②住宅-地面工程-室内装修-建筑设计-图集 Ⅳ.①TU767-64

中国版本图书馆CIP数据核字（2012）第201285号

责任编辑：费海玲　张幼平
责任校对：党　蕾　陈晶晶

中小户型创意方案设计2000例
顶棚　地面
锐扬图书/编

＊

中国建筑工业出版社出版、发行（北京西郊百万庄）
各地新华书店、建筑书店经销
北京锐扬图书工作室制版
北京方嘉彩色印刷有限责任公司印刷

＊

开本：880×1230毫米　1/16　印张：6　字数：186千字
2013年1月第一版　　2013年1月第一次印刷
定价：29.00元
ISBN 978-7-112-14623-9
（22671）

FOREWORD 前 言

所谓中小户型住宅即指普通住宅，户型面积一般在90m²以下。在建设节能、经济型社会的大背景下，特别是在国内土地资源有限、城市化进程加速发展、房价居高不下的情况下，中小户型已经成为城市住宅市场的主流。

由于中小户型在国内设计中还处于初级阶段，对于中小户型而言，较高的空间利用率显得更为珍贵，户型设计也就更为重要。人们对住宅的使用功能、舒适度以及环境质量也更加关心。中小户型不等于低标准、不等于不实用，也不等于对大户型的简单缩小和删减，在追求生活品质的今天，只有提高住宅质量，提高住宅性价比，中小户型住宅才能有生命力，才会得到消费者的认可。要提升中小户型产品的品质和适应性，应该抓住影响和决定这些指标的要点，通过要点的解析，优化设计，达到"克服面积局限、优化户型"的根本目标。即使面积小，但只要通过精细化设计，依然可以创造出优质的居住空间。

《中小户型创意方案设计2000例》系列图书分为《客厅》、《门厅过道　餐厅》、《背景墙》、《顶棚　地面》、《卧室　休闲区》5个分册，全书以设计案例为主，结合案例介绍了有关中小户型装修中的风格设计、色彩搭配、材料应用等最受读者关注的家装知识，以便读者在选择适合自己的家装方案时，能进一步提高自身的鉴赏水平，进而参与设计出称心、有个性的居家空间。

本书所收集的2000余个设计案例全部来自于设计师最近两年的作品，从而保证展现给读者的都是最新流行的设计案例。是业主在家庭装修时必要的参考资料。全文采用设计案例加实用小贴士的组织形式，让读者在欣赏案例的同时能够及时了解到中小户型装修中各种实用的知识，对于业主和设计师都极富参考价值。本书适用于室内设计专业学生、家装设计师以及普通消费大众进行家庭装修设计时参考使用。

CONTENTS 目录

中小户型顶棚设计有哪些窍门？

用石膏在顶棚四周造型：石膏可做成几何图案或花鸟虫鱼图案。严格说来，这不是真正意义上的吊顶，有人称之为假吊顶，它具有价格便宜、施工简单的特点，只要和房间的装饰风格相协调，效果也不错。

四周吊顶，中间不吊：此种吊顶可用木材夹板成型，设计成各种形状，再配以射灯和筒灯，在不吊顶的中间部分配上较新颖的吸顶灯，会使人觉得房间空间增高了，尤其是面积较大的客厅，效果会更好。

四周吊顶做厚，中间部分做薄，形成两个层次：此种方法四周吊顶造型较讲究，中间用木龙骨做骨架，而面板采用不透明的磨砂玻璃，玻璃上可用不同颜料喷涂上中国古画图案或几何图案，这样既有现代气息又给人以古色古香的感觉。

空间高的房屋吊顶：如果你的房屋空间较高或是以前的老式住房，则吊顶形式选择的余地比较大，如石膏吸声板吊顶、玻璃纤维板吊顶、夹板造型吊顶等，这些吊顶既美观，又有减少噪声等功能。

客厅顶棚
Ceiling of Living Room

Comment on Design

现代简约空间，最简单的吊顶设计往往能营造出最理想的装饰效果。

Comment on Design

方形吊顶四周的黑色花纹图案装饰在水晶吊灯的映射下，呼应了空间的简约欧式风格。

Comment on Design

利用吊顶的凹凸造型让
各个区域空间更加有层
次感。

Comment on Design

利用吊顶的凹凸造型让
各个区域空间更加有层
次感。

怎样让客厅顶棚变得更丰富些？

家居装饰吊顶可以让空间变得丰富多彩，常见的吊顶形式有以下几种。

1. 异型吊顶：在楼层比较低的客厅可以采用异型吊顶。方法是用平板吊顶的形式，把顶部的管线遮挡在吊顶内，顶面可嵌入筒灯或内藏日光灯，使装修后的顶面形成两个层次，不会产生压抑感。异型吊顶采用的云型波浪线或不规则弧线，一般不超过整体顶面面积的三分之一，超过或小于这个比例，就难以达到好的效果。

2. 局部吊顶：局部吊顶是为了避免居室的顶部有水、电、气管道的情况下采用的一种吊顶方式。这种方式的最好模式是，将这些水、电、气管道放置在边墙附近，装修出来的效果与异型吊顶相似。

3. 无吊顶装修：由于城市的住房普遍较低，吊顶后可能会感到压抑和沉闷，所以以不加修饰的顶面开始流行起来。顶面只做简单的平面造型处理，采用现代的灯饰灯具，配以精致的角线，也给人一种轻松、自然的心情。

Comment on Design

极简的白色石膏吊顶，协调了空间的丰富色调，让充满现代感的空间多了一些沉稳。

Comment on Design
方形吊顶的实木线装饰, 以及实木和玻璃结合的吊灯, 呼应了空间的中式风格。

Comment on Design

顶棚两个黑色调方形倒角的吊顶与简约的电视背景墙装饰相得益彰, 在简约风格的空间中产生了和谐美。

Comment on Design

方形吊顶和轻盈精致的吊灯，
能给室内空间带来不同凡响的
光影效果，凸显了主人追求个
性的喜好。

中小户型顶棚设计应注意什么？

复杂多层的吊顶，一方面会增加楼板的负荷，另外对其本身的安全性也提出了更高的要求。吊钩的承重力十分重要，根据国家标准，吊钩必须能够挂起吊灯4倍的重量才能算是安全的。因此，对吊灯的承重能力必须检查测试。在施工中，要注意避免在混凝土圆孔板上凿洞、打眼、吊挂顶棚以及安装艺术照明灯具。在卧床、沙发等部位的上方最好不要安装吊灯、吊扇等，如果要装，最好选择塑料、纸等较轻材质灯罩的灯具，不要选择玻璃灯具。

Comment on Design

一个整体感很强的客厅吊顶配以个性化的灯具，能使人们家居生活心情愉悦，身心健康。

矩形的石膏板中空造型吊顶，
让空间向两侧延伸，显得更加
开阔。

Comment on Design

吊顶的灯光设计运用非常灵活，在光与影的营造下，客厅空间气氛迷人。

吊顶和发光灯带的结合很好地划分了空间的区域范围。

中小户型房间顶部应作简约处理

　　古人常说："不着一字，尽得风流。"简约，除了可以按照字面意思理解以外，还可以把这一理念作进一步的强化和延伸——完全可以不做任何多余的装饰处理，只把功能做足即可，小户型更要贯彻这一原则。

　　吊顶是可以强化房间风格的一种装饰手段，但它会占用房间的一部分高度空间。现在大家都知道在小房子中不要做复杂的吊顶，甚至不做吊顶，但简化顶部装饰还可以简化材料和颜色。不论房子的墙面采用何种装饰材料或者颜色，顶面都最好选择白色调，让人们忽略房顶，这样在视觉上也就起到延伸的作用。

Comment on Design
吊顶的中心悬挂圆形的水晶球吊灯，现代的设计造型与空间氛围和谐相融。

Comment on Design

简约的四周吊顶形式在个性的吸顶灯映射下，白色的基调衬托黑色手绘花纹，引领浪漫风情。

Comment on Design
吊顶的窗棂格装饰与中式空间风格
相呼应，为空间增添了一份雅致和
清幽。

Comment on Design

异型吊顶在发光灯带的晕染下, 不但有装饰美化作用, 还可以划分空间的功能区域。

中小户型顶棚的色彩设计应注意什么？

吊顶颜色不能比地板深："顶面色彩一般不超过三种"是选择吊顶颜色的最基本法则。色彩最好不要比地板深，否则很容易有头重脚轻的感觉。如果墙面色调为浅色系列，用白色吊顶会比较合适。

厨卫吊顶选色参考的因素：选择吊顶色彩一般需要考察瓷砖的颜色与橱柜的颜色，以协调、统一为原则。深色彩铝扣板一般作为点缀，除非是设计师特意设计的风格。

墙面色彩强烈最适合用白色吊顶：一般而言，使用白色吊顶是最不容易出错的做法，尤其是当墙面已经有强烈色彩的时候，吊顶的颜色选用白色就不会抢走原本要强调的壁面色彩，否则很容易因为色彩过多而产生紊乱的感觉。

Comment on Design
简约的四周吊顶形式，衬托方形玻璃罩的水晶珠帘吊灯，引领浪漫风情。

吊顶暖气管道如何处理？

　　某些较早期的房子客厅顶部会有暖气管道。如果暖气管道较小，可以把它做成一个发光的灯箱，既可解决采光问题，又可以作为装饰。如果管道较大，最好采用局部吊顶，把管道遮住。如果管道的走向、大小等都较规整，直接刷上颜色也是一种装饰。要注意薄弱部位细部节点的施工，防水涂料一定要涂抹到位，管道、地漏等穿越楼板时，其孔洞周边的防水层必须认真施工。上下水管一律要做好水泥护根，从地面起向上刷10～20mm 的防水涂料，然后在地面再做防水层，加上原防水层，组成复合型防水层，以增强防水性能。

餐厅顶棚
Ceiling of Dining Room

Comment on Design
方形吊顶、发光灯带使客厅和餐厅功能分区明显，整个空间彰显现代时尚气息。

Comment on Design

利用区域式吊顶使简洁的餐桌和客厅在视觉上分开成为两个功能区域，从而形成相对独立的两个部分。

吊顶上如何布线？

先在分线盒里分线，再甩下来两根线，直接接到筒灯上。优点：两根线跟灯头连接容易。缺点：如果接头没接好，维修比较困难。或者两根线从分线盒下来，再上去两根线。优点：接头在灯头位置，维修容易。缺点：一个灯头四根线，接起来麻烦，浪费的线多。

Comment on Design

以异型吊顶的半圆造型，衬托着黑色的吊灯和紫色调的餐椅，营造了温馨浪漫的就餐环境。

Comment on Design
黑色玻璃简约吊灯在现代
的简约风格装饰风格中更
显别具一格。

旧房改造中的吊顶设计应注意什么？

　　旧房吊顶重新设计以安全为优先。和新房不太相同的是，二次改造房屋的设计应优先考虑吊顶的安全性。尤其是一些使用年限已达15年以上的老房，其原建筑结构已开始老化，再加上原吊顶施工时由于吊挂结构要求，在顶面打了很多孔，可能使局部的承载能力下降。吊顶改造要注意对室内光源的影响。多层次、多功能的照明是丰富吊顶装饰艺术和方便生活的重要内容。吊顶的高度要适中，因为它会改变室内的自然采光，对墙面装饰尤其是今后的软装饰产生影响。吊顶和地面的呼应关系也必须重视，一些生活功能的分区是以地面来划分的，地面功能和吊顶不对称时，会影响以后家具和其他陈设的摆放，严重时会对今后生活功能的实现造成影响。

Comment on Design

以原木装饰的吊顶在金色吊灯的渲染下，衬托着白色调的实木家具，打造了美式田园风格的餐厅。

Comment on Design

方圆造型的区域式吊顶衬托着红色的餐椅,在发光灯带和黄色筒状吊灯的晕染下,更能增进人的食欲。

怎样在吊顶上做储藏柜?

在吊顶上做储藏柜能有效地利用家居空间,如果装修时没有考虑到,可以在维修改造中添加。吊顶上的储藏柜主要有三种形式:

1. 吊顶下方储藏柜:顺应着吊顶和墙壁制作木质柜体,柜体的顶面和背面直接固定在顶板和墙面上。储藏柜的底面距离地面至少1.8m高,否则很容易碰到头。

2. 吊顶内储藏柜:利用走道吊顶比较低的特点,可以在走道吊顶的中央或某个装饰造型的内凹部位上开一个方口,方口的边长不低于600mm,可以将不用的杂物放到吊顶内。这种改造对吊顶的承重结构是有要求的,吊顶的内空不能低于400mm,吊顶上尽量不要布置灯具,以免储藏物品时受到电线干扰。

3. 吊顶下吊挂隔板:从吊顶上垂直拉2～4根直径4mm的钢丝,在钢丝中间加挂金属连接件,用于承放木质隔板或玻璃隔板,犹如一个小型书柜或装饰柜,钢丝底端连接到地面或固定台柜上,并且拉紧绷直,存放在隔板上的物品同样稳如泰山。

Comment on Design

区域式吊顶与墙面装饰相连,用黄色发光灯带来渲染,柔和的灯影效果增添了餐厅的温馨气氛。

Comment on Design

餐厅吊顶交错的镜面玻璃装饰和墙面的装饰呼应,给人以视觉的立体感。

餐厅吊顶交错的镜面玻璃装饰和墙面的装饰呼应,给人以视觉的立体感。

木质吊顶防火怎样处理？

　　木材是吊顶中最常用的材料，具有隔声、保温的优点，但其中的木质吊顶、木龙骨和嵌装灯具等位置必须进行防火处理。这主要是为安全考虑，防止吊顶内因灯具发热、电线老化起火，不至于马上引燃吊顶。由于目前国内装饰建材市场上，未经防火处理的家庭装饰用木质材料普遍存在，所以，木质吊顶中的装饰木质材料应满涂二度防火涂料，以不露木质为准，如用无色透明的防火涂料，应对木质材料表面均刷两遍，不可漏刷。

Comment on Design

棕色漆饰装饰的异型吊顶协调了墙面的黑色，三个银色的球形吊灯点缀了空间，使餐厅更具有时尚的质感。

卧室吊顶应该注意什么？

卧室吊顶不宜设计成复杂造型。一般来说卧室的直接照明越少越好，对眼睛的舒适有好处。所以可以考虑用简单的灯带做间接照明。如果层高较低，不宜做吊顶，可以用石膏线简单装饰，卧室灯的造型可稍讲究些，应采用舒适的暖光源来烘托卧室温馨的气氛。

卧室顶棚
Ceiling of Bedroom

Comment on Design
简单的白色吊顶衬托着橙色的床品、紫色的地毯，给卧室空间带来温暖的质感。

Comment on Design

简单的方形吊顶保持床正上方屋顶的空旷, 在床边使用光线柔和的落地灯或台灯。

卧室顶棚灯饰如何配置？

　　根据年龄的不同，卧室的顶棚灯饰也各显特点。儿童天真纯稚，生性好动，可选用外形简洁活泼、色彩轻柔的灯具，以满足儿童成长的心理需要；青少年日趋成熟，独立意识强烈，顶棚灯饰的选择应讲究个性、色彩要富于变化；中青年性格成熟，工作繁重，顶棚灯饰的选择要考虑到夫妻双方的爱好，在温馨中求含蓄，在热烈中求清幽，以利于夫妻生活幸福美满；老年生活平静，卧室顶棚的灯饰应外观简洁，光亮充足，以表现出平和清静的意境，满足老人追求平静的心理要求。

Comment on Design
吊顶和墙面的浅咖啡色环纹壁纸装饰相连，使卧室流露出现代的艺术格调。

Comment on Design
方格形悬挂式吊顶，丰富了卧室空间
的造型。

Comment on Design
实木拼条装饰的吊顶, 衬托着欧式的实木架子床, 使卧室处处透露着奢华品质。

Comment on Design

黑色网纹线条装饰的吊顶呼应着墙面的肌理造型, 让卧室空间呈现摩登时尚的感觉。

Comment on Design

极简的石膏吊顶与木质回型纹装饰, 让充满现代感的空间多了一些沉稳。

如何合理安排卧室灯具位置？

卧室不需要太强的照明，必备的有两种：一是照亮全室的柔和光线，可用小型吸顶灯或壁灯；一是局部照明的床头灯，可选择装在床头上左右移动的那种。卧室灯的颜色不要选择太刺激的色彩，要色彩柔和，还要与卧室环境色调相协调。

Comment on Design

白色调圆形的吊顶，衬托着黄色的墙面、棕色的地板、粉色的靠枕，使卧室空间尽显温馨。

Comment on Design
简单的吊顶造型,迎合了卧室的简
约风格。

Comment on Design

圆形吊顶、造型不一的黑、白、红组合式吊灯，与简约风格的卧室空间装饰相呼应，令人赏心悦目。

Comment on Design

四面加厚的白色吊顶衬托着花朵状
的水晶吊灯，给咖啡色调的卧室空
间平添几分温馨。

如何打造小户型卧室的空间感？

　　为了达到提升卧室空间感的目的，应该大面积使用浅色调，让空间看起来更大，并充分考虑采光和利用室内灯光；同时还要尝试着用不同的颜色来区分空间，起到划分区域的效果。设计时还应考虑使用透视性比较好的造型墙，这样做既可省出空间，又能节省做隔断墙的费用。在造型的制作上，可以使用浅色调或穿透性较强的材料，以增加空间的变化。

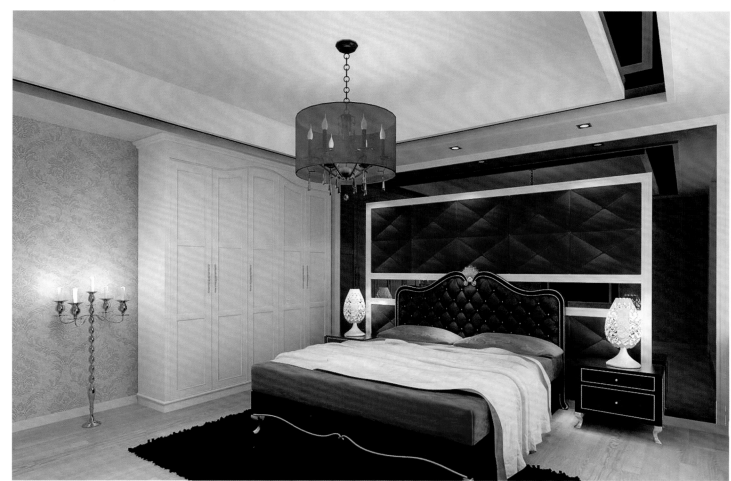

Comment on Design
四周黑色装饰的白色吊顶与室内的装饰呼应，让卧室空间典雅而舒适。

Comment on Design
简约的实木条装饰吊顶与墙面的木质装饰和谐搭配，丰富了空间的质感。

Comment on Design

简约的吊顶造型与柔和灯光，对称的装饰风格，使卧室空间更加舒适。

如何设计客厅地面的色彩？

1. 家庭的整体装修风格和理念是确定地板颜色的首要因素。深色调地板的感染力和表现力很强，个性特征鲜明，浅色调地板风格简约，清新典雅。

2. 要注意地板与家具的搭配。地面颜色要衬托家具的颜色并以沉稳柔和为主调，浅色家具可与深浅颜色的地板任意组合，但深色家具与深色地板的搭配则要格外小心，以免产生"黑蒙蒙"的压抑感。

3. 居室的采光条件也限制了地板颜色的选择范围，尤其是楼层较低，采光不充分的居室要注意选择亮度较高、颜色适宜的地面材料，尽可能避免使用颜色较暗的材料。

4. 面积小的房间地面要选择暗色调的冷色，使人产生面积扩大的感觉。如果选用色彩明亮的暖色地板就会使空间显得更狭窄，增加压抑感。

客厅地面
Floor of Sitting Room

Comment on Design
深色的实木地板与咖啡色系的羊毛地毯搭配，让简约的空间尽显温馨大气之美。

Comment on Design
乳白色的地砖铺上蓝绿
色调的地毯，与顶棚色
调呼应，简单的形式突
出了室内空间装饰的层
次感。

Comment on Design

地面白色的抛光砖与白色集成式吊顶共同衬托着客厅空间的温馨格调，使空间更显宽敞明亮、简约时尚。

如何确定客厅地砖的规格？

依据居室大小来挑选地砖：房间的面积如果小就尽量用小一些的规格，具体来说，如果客厅面积在 30m² 以下，可考虑用 600mm×600mm 的规格；如果客厅面积在 30～40m²，可以用 600mm×600mm 或 800mm×800mm 的规格；如果客厅面积在 40m² 以上，就可考虑用 800mm×800mm 的规格。

考虑家具所占用的空间：如果客厅被家具遮挡的地方多，也应考虑用规格小一点的。

考虑客厅的长宽大小：就效果而言，以瓷砖能全部整片铺贴为好，就是指尽量不裁砖或少裁砖，尽量减少浪费，一般而言，瓷砖规格越大，浪费也越多。

考虑瓷砖的造价和费用问题：对于同一品牌同一系列的产品来说，瓷砖的规格越大，相应的价格也会越高，不要盲目地追求大规格产品，在考虑以上因素的同时，还要结合一下自己的预算。

Comment on Design
白色的地砖、简单的吊顶与橙色的发光灯带衬托着蓝色调的电视背景墙，使客厅空间清新雅致。

Comment on Design

简约的白色吊顶与深色实木地板的结合，搭配中式古典家具，给人质朴温馨的感觉。

Comment on Design
白色的吊顶与地砖相呼应，墙面则用浅绿色花纹壁纸装饰，使简约欧式风格的客厅空间更显清新素雅。

Comment on Design
咖啡色釉面地砖与白色
调大气简约的吊顶上下呼
应，协调了空间的色调，
使空间更具有层次感。

中小户型设计尽量少选用小块状材料

在中小户型中，区域空间更有限，视觉更加拥挤，这时最好不要使用太小规格的瓷砖或者马赛克，这样会使边线增加，给人眼花缭乱的感觉，无形中会有缩小空间的感觉。应选择钢化玻璃或者环氧树脂漆装饰墙面，使空间整洁、明快、通透；顶部可以选择防水石膏板加防水漆，加强和地面的整体协调，突出面上的扩张力。

Comment on Design
白色地砖搭配黑白色调的斑马纹地毯，使空间更加简约时尚。

Comment on Design
地面白色抛光砖搭配条
状肌理的地毯，给人极
为舒适的感觉。

Comment on Design
带有蓝色纹理的白色调
抛光地砖, 使空间更加简
约舒适、宽敞明亮。

Comment on Design
实木地板与咖啡色地毯给空间带来温馨自然的感觉，与墙面的实木装饰相呼应。

小户型的内部造型应以直线条为主

　　室内设计是建筑的延伸和发展，因为目前房屋结构以直线居多，所以在内部设计时为了使其统一和协调，多使用直线作为设计符号。直线线形本身单一纯粹，不会特别引起视觉长时间的注意，同时也会给人以安静、畅快、直爽的感觉。

Comment on Design
乳白色纹理的地砖与黑色的羊毛地毯搭配，为简约空间增添时尚感。

Comment on Design
为了取得漂亮的视觉效果,可以用地砖来装饰地面,可打磨得十分光亮。

Comment on Design
白色地砖和圆形地毯衬托着室内墙面的装饰，创造出深邃的艺术意境。

Comment on Design
最简单的地砖装饰往往
能营造出最理想的装饰
效果。

小户型装修宜选用柔和质感为主的装修材料

　　在墙面材料的选择上，质感特别关键，小的空间并不一定只能选择单一的涂料或金属、砖等硬质材料。柔和质感的材料，如壁纸，既可以很好地烘托房间气氛，又可以陪衬房间内的家具饰品，弱化空间的层次感，从而让空间更显开阔。

Comment on Design
白色地砖与沙发色调协调一致，咖啡色地毯则协调了背景墙和茶几的色调，给空间带来了艺术和细节的美感。

小户型装修色调应统一，以浅色调为主

　　色彩在空间里起着巨大作用，特别是对于小空间。在视觉局促的情况下，墙面色彩的选择最为重要，因为进入空间里，直接看到的就是墙面了，而且墙体的面积最大，对视觉的影响也最大。地面和顶面甚至大规格的家具、饰品也同样需要和墙面相协调。色调要保持统一，比如有暖色调，如红、橙黄；冷色调，如蓝靛；还有中性色，如绿和紫以及无彩色系，如金、银和黑、白、灰、浅。

餐厅地面

Floor of Dining Room

Comment on Design

咖啡色调的玻化砖地面装饰协调了室内的装饰色彩，使整个空间简约温馨。

Comment on Design

象牙色的复合实木地板与浅棕色的羊毛地毯，使客厅空间更加温馨自然。

Comment on Design

白色的玻化砖地面装饰，使餐厅空间更加干净整洁。

小户型收纳设计技巧（1）

　　盖住无法展示的杂物：如果要收纳的杂物形状不规则，颜色也不统一，为避免使小空间感觉更复杂，建议采用遮蔽式收纳，在柜格外加装柜门，全部盖住。只规划出活动桌面的收藏品展示台，感觉整体墙面就像艺廊般精致。

　　使用透光玻璃层板：层板是展示空间收纳最好的方式，但是过多的层板在小空间中也会造成压迫感。为了让空间更无负担，层板的设计采用透光玻璃，视觉穿透的效果也让空间质感获得提升。

Comment on Design
浅咖啡色玻化砖与棕色羊毛地毯，一冷一暖的协调搭配，使空间简约雅致。

Comment on Design
简单的白色釉面砖装饰的地面很好地协调了空间的色彩和不同的材质以及肌理图案造型,使居室呈现现代简约欧式风格。

Comment on Design
地面可以使用硬质地的柚木、柞木、水曲柳等作为地板材料，这种地板花纹美观、较少疤节。

小户型收纳设计技巧（2）

　　双面柜满足双倍需求：连接两个空间的位置，可利用双面收纳的设计，或是直接摆上两面都有收纳功能的家具来作为两个空间的适度隔断。例如，门厅与餐厅之间，门厅面为鞋柜，餐厅面则为碗橱柜，能适度分隔两个空间的动线机能。

　　转折楼梯多出一倍收纳：角落转折的楼梯设计不但节省空间，而且还可针对其特性，规划独特的收纳空间。楼梯收纳多半以抽屉为主，但是抽屉不是唯一方法，转折楼梯可提供更多可能性，可以做成展示收纳、门片收纳或是小储藏室等。

Comment on Design
只需要简简单单的实木地板装饰，使空间简洁、利落、大方。

Comment on Design

餐厅地面的直线和吊顶的造型呼应，营造了舒适温馨的就餐氛围。

小户型收纳设计技巧（3）

　　地板提供收纳空间：地板也是很好的收纳空间，可以将卧室，或是休憩区、书房地板架高，将地板下方规划为收纳空间。将地板切割成方块状，再用特殊五金设计门片开关或吸盘开启。地面下偌大的空间可以放置杂物、棉被、换季衣物，这样地板可发挥强大的收纳力，收纳方式更方便、空间也更大。

　　梁柱也有收纳空间：对于收纳量大的家庭而言，小空间也不能浪费。在不影响结构安全、支承功能的状况下，可以运用柱体空间；例如在保留主干之余，将柱体局部挖空，从一边看似乎仍完好无缺，其实另外一边已经提供了大量的收纳空间，加上同色门片隐藏，可以置放许多杂物。

Comment on Design
餐厅地面以玻化砖来装饰，其表面有雾状不规则花纹，比较接近于天然石材，更适合现代人渴望亲近自然的心理状态。

Comment on Design

餐厅地面如果铺设玻化砖的话, 选择白色、浅黄等浅色调, 会让人感到温馨自然, 而且让空间视觉更为疏阔。

Comment on Design

地面装饰设计犹如设计一幅图画，必须充分考虑到材料的质地、色彩和图案等多方面的因素。

Comment on Design

餐厅空间米黄色的地砖砖饰，衬托着原木色调的餐桌椅，使餐厅显得简洁自然。

小户型收纳设计技巧（4）

　　美观与功能兼具的造型背板：一块电视背墙板包含了电视、影音器材收纳及 CD 收纳，可用展示型的设计，将这些对象都量身框起来，就像艺术品般陈列，是兼具趣味及功能的造型收纳设计。

　　无形的收纳空间规划：可利用灯光及隐藏式无把手门板设计，将强大的收纳空间隐于无形，这不会增加空间的压迫感；或是使用特殊的五金把手，平常关闭时，就像一面完整的墙。

Comment on Design
米黄色地砖装饰的餐厅地面，在屋内灯光的晕染下，给空间带来明亮、清新的气氛。

Comment on Design

釉面地砖与墙面的花色
装饰形成肌理对比，使
空间在视觉上更加具有
艺术气息。

Comment on Design
实木地板天然的纹理、
花纹图案，使就餐空间
更加自然和谐。

小户型收纳设计技巧（5）

　　将收纳空间用雾面玻璃包起来：如果不希望收纳角落或是收纳空间外露而影响整体空间，可运用雾面玻璃将收纳空间包起来，这既不影响光线穿透，又不会看到杂物，还可依需求开关，收纳也可以很精致。

　　隔间墙也可挖空收纳：用于区隔不同空间的隔间墙，通常都是实体的，但是如果两者空间并不需要太大的隐私，譬如厨房与走道，或客厅与餐厅，则可以双面透空以格状柜体收纳置物，双面收纳能力加倍；或者隔间墙只是暗示性质，高度不高，则都可以兼具收纳功能。

卧室地面
Floor of Bedroom

Comment on Design

颜色搭配合理，顶棚最浅，位于底部的地板颜色最深，体现上下的调和与过渡。

Comment on Design

黄色的釉面地砖在阳光
的映射下, 是卧室空间
更显温馨优雅。

Comment on Design
白色的釉面地砖很好
地协调了墙面的深色调
装饰，丰富了空间的层
次感。

Comment on Design
深色的实木地板，给
卧室空间增添温暖
舒适的感觉。

小户型收纳设计技巧（6）

　　既是书柜又是五斗柜的楼梯：如果小空间有夹层或是二楼，可利用楼梯好好规划收纳空间，将楼梯下方三分之一的空间规划为书架，由于书架深度较浅，还可留有空间，利用剩下的三分之二，规划成衣物收纳五斗柜，发挥楼梯能用到的功能，做足了收纳，空间干干净净。

　　量身定做的餐橱柜：小空间的餐厅建议采用开放式设计，用具多、收藏多，可以利用墙面及梁柱下量身定做多功能餐厨收纳柜，作为备餐台或是烫衣板。除了小东西的收纳，还可针对家中的清洁家电、大型家电，例如电风扇、吸尘器、空气清洁机订做大型的专属收纳空间，一个收纳柜解决大大小小的收纳问题。

Comment on Design

实木地板衬托着粉色调的室内装饰，空间处处流露出现代宫廷风格的韵味。

Comment on Design

棕色的实木地板搭配浅色调的空间装饰，使卧室优雅、宁静、自然。

小户型收纳设计技巧（7）

　　轨道滑轮推拉式的收纳设计：小空间常常采用堆叠的方式处理收纳，因此，最内层的物品常常难以拿取。如果收纳柜设计有轨道、滑轮，采取推拉式，就会让收纳更容易、拿取更方便，不会将杂物都堆积在死角。

　　多功能悬空三用柜：开放小空间，柜体的设计就可更多面，例如特别量身定做的收纳柜，面向门厅为鞋柜，面向客厅上层为 CD 收纳柜，而下层则为视听器材的收纳位置。整个柜体以悬空的方式设计，并于下方规划隐藏灯光，让原本较为笨重的三用收纳柜感觉轻盈了起来。

Comment on Design

米黄色的实木地板衬托橙色花纹的墙面装饰，使简约欧式风格的卧室空间更加典雅舒适。

Comment on Design

欧式风格卧室中利用棕色实木地板的花纹来拼接图案，起到了很好的装饰效果。

Comment on Design

深色实木地板搭配简
约式方形吊顶以及浅色
调的室内装饰,不会给
空间带来压抑感,整体
感觉沉稳。